AF578948

DE LA CULTURE

Plan Général ou Composition

DE

LA CULTURE

QUI TIRE DE LA TERRE LE PLUS GRAND BÉNÉFICE POSSIBLE, TOUJOURS, AUX MOINDRES FRAIS POSSIBLES, EN PROPORTION DES RESSOURCES QUELLES QU'ELLES SOIENT.

APPLICATION

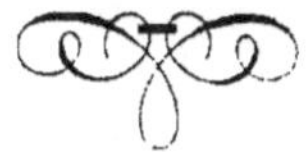

SAINT-MALO
Mme Ve E. Hamel, rue Robert-Surcouf.

DE LA CULTURE

La culture peut se diviser en deux parties ; l'une qui comprend le labour, l'ensemencement, le mode spécial de cultiver chaque espèce de récolte, en un mot tous les soins manuels et extérieurs ; l'autre qui dépend plus de l'intelligence, comprend le choix des récoltes, la manière de les faire succéder, la production et l'emploi du fumier, ou proprement la composition de la culture ; c'est celle-ci que nous allons étudier.

Et d'abord quel est le but de la culture ? C'est de tirer de la terre le plus grand bénéfice possible, toujours, aux moindres frais possibles, en proportion de nos ressources quelles qu'elles soient.

Cette définition est complète, on ne peut demander davantage.

Mais pour agir avec certitude et assurance, que faudrait-il ? Un plan bien établi et bien tracé en proportion de ces ressources !

Commençons par constater un fait : c'est que dans la culture, si l'expérience est nécessaire pour bien cultiver un ensemble ou une suite de récoltes, elle ne suffit pas pour régler sa composition, ou que si elle conduit quelques-uns au but, leur expérience est à peu près complétement perdue pour les autres : la meilleure preuve c'est que, dans la même commune, à peine trouverait-on deux cultures qui soient pareilles : chacun est persuadé faire mieux que son voisin.

Cependant la bonté de la culture dépend, en majeure partie, de sa composition.

Mais, en y réfléchissant, que faisons-nous quand nous cherchons à composer notre culture ? Pas autre chose que chercher à former le plan que nous devons suivre ! Certes, nous n'agissons pas au hasard, au contraire nous calculons tout du mieux que nous pouvons, par rapport à nos besoins, au bénéfice et à nos ressources. Sans doute ces calculs, pour que tout soit dans une juste proportion, sont bien loin d'être faciles, ils sont même presqu'impossibles à cause de la grande multitude de choses dont il faudrait tenir compte de manière qu'elles s'accordent toutes : aussi le résultat, c'est-à-dire la composition ou le plan de la culture, est-il généralement loin d'être bon.

Si donc nous avions un plan bien établi en proportion de nos ressources, il réglerait cette composition d'une manière certaine : et s'il était général, c'est-à-dire s'il pouvait s'appliquer dans tous les cas, quelles que fussent nos ressources, alors ses effets seraient bien grands et il rendrait la culture bien facile. C'est ce plan général que nous allons tracer.

Mais, si nous essayions d'embrasser la question tout entière, dans tout son ensemble, elle est tellement étendue et complexe, que nous ne saurions comment la saisir, et ne pourrions manquer de nous égarer dans les détails ; au contraire donc, resserrons la en choisissant un cas particulier, et même très particulier, si cela est nécessaire, pour établir son plan avec une certitude incontestable ; sans doute cela ne suffira pas, mais sa forme et sa composition ne pourront manquer de nous aider puissamment, car ce plan, quoique particulier, doit néanmoins accomplir les conditions essentielles : nous déterminerons ensuite les modifications à lui faire subir pour qu'il devienne général, et la question se trouvera ainsi résolue. Choisissons donc ce cas particulier.

Nous supposerons d'abord que la culture soit réduite à ses seules ressources, rien du dehors: cela posera des limites et la resserrera considérablement.

Nous ne la considérerons pas non plus par rapport à tous les moyens de production de l'exploitation : nous chercherons le produit qu'elle pourrait donner par les récoltes seules, et, néanmoins, nous tiendrons compte des bestiaux et aussi du fumier, mais d'une manière indirecte, par les blés et les fourrages que nous pourrons faire entrer dans ce produit : rien ne s'y oppose, car ce sont ces deux récoltes qui fournissent la nourriture aux bestiaux et la paille avec laquelle se fait le fumier, de sorte que les bestiaux et le fumier ne sont, à vrai dire, que la conséquence et le résultat des blés et des fourrages.

Pour avoir un point fixe, c'est-à-dire un cas particulier

bien déterminé, nous chercherons ce produit des récoltes non pas en proportion des ressources quelles qu'elles soient, mais en supposant ces seules ressources les plus grandes possibles : ce produit sera alors nécessairement aussi le plus grand possible, *nul autre ne pourra l'égaler.*

Remarquons qu'en cherchant ce produit tel que nous le disons, nous n'aurons pas à nous occuper directement des ressources, car ce produit ne peut être le plus grand possible sans que les ressources le soient aussi ; ces deux conditions sont réciproques.

Ce cas particulier est celui de la culture réduite à sa plus grande simplicité, et cependant il tient compte d'une manière indirecte de toutes les parties que nous avons écartées ; il paraît donc convenablement choisi, et son plan capable de supporter les modifications suffisantes pour devenir général.

Mais encore, voulons-nous ce plus grand produit pour une année seulement, et quand même celui de l'année suivante devrait être inférieur ? Au contraire, nous le voudrions de plus en plus grand chaque année, c'est-à-dire *continuellement*, s'il pouvait grandir, mais nous voulons au moins qu'il ne diminue pas : alors, s'il ne peut grandir et ne doit pas diminuer, il faut qu'il soit toujours le même, *constant.*

Le plan que nous avons à chercher quant à présent, est donc celui *de la culture réduite à ses seules ressources, qui tire de la terre le plus grand produit possible, constamment, aux moindres frais possibles.*

Voici la marche que nous allons suivre pour arriver au plan général :

1° Nous chercherons le plan de ce cas particulier, c'est-à-dire en supposant les ressources et le produit absolus, et en ne tenant compte des bestiaux que d'une manière indirecte ; puis, dans ce même plan, nous en tiendrons compte plus directement.

2° Nous étendrons la culture en la supposant toujours réduite à ses seules ressources, mais en remplaçant la condition *constamment* par *continuellement*, et celle des ressources les plus grandes possibles par *en proportion des ressources quelles qu'elles soient :* là nous parlerons des bestiaux d'une manière spéciale.

3° Enfin nous considérerons la culture au point de vue tout-à-fait général, *quand on emploie des ressources du dehors.*

4° Pour juger des effets pratiques du plan définitif, nous en ferons l'application.

Mais pour établir un plan avec certitude, il faut connaître bien clairement non seulement son but, mais aussi les conditions à remplir pour l'atteindre : or, dans ce premier cas particulier, l'énoncé seul du but nous indique trois conditions ; et elles doivent, à elles seules, renfermer toutes les autres, puisqu'elles suffisent pour l'accomplir entièrement. Examinons-les donc avec soin, et voyons quelles autres moins générales et particulières nous pourrons en faire ressortir.

Le plus grand produit possible. Ce produit, dans le cas actuel, ne peut provenir, avons-nous dit, que de nos récoltes ; il faut donc qu'elles soient toutes belles, car une belle avoine donnera plus de bénéfice qu'un froment passable, et en même temps qu'elles soient les plus riches possible.

Mais n'est-il pas une vérité tellement bien reconnue qu'elle est devenue pour ainsi dire banale, c'est que le fumier est la cause première, la vraie source de la beauté et de la richesse des récoltes et de la culture : donc pour tirer de la terre le plus grand produit possible, si elle est réduite à ses seules ressources, la culture doit produire le plus de fumier possible.

Mais cette condition nécessaire est-elle suffisante, c'est-à-dire, toute culture qui produira le plus de fumier possible, donnera-t-elle toujours le plus grand produit possible ? Non, car l'expérience prouve que les plantes n'absorbent pas, toutes, les mêmes principes de la terre et du fumier, que chacune d'elles n'en tire que ceux, seulement, qui sont propres à sa nourriture, et y laisse les autres ; de sorte que, en choisissant celles qui se succèdent, de manière que chacune d'elles soit propre par sa nature différente à être suivie de l'autre, la culture pourra donner un produit plus grand avec la même quantité de fumier : car chacune d'elles pourra être suivie d'une autre aussi riche ou presque aussi riche, sans addition de nouveau fumier, avec le même qui a déjà produit la précédente ; nous voyons ainsi le colza sans fumier après les betteraves, et le froment, également sans fumier, après ce même colza.

Il y a encore des plantes qui sont améliorantes par rapport à d'autres, c'est-à-dire qui laissent dans le sol certains principes, ou qui le mettent en certaines dispositions qui le rendent plus propre à rapporter celles-ci qui les suivent : le trèfle, par exemple, aide beaucoup la production et la richesse des blés, à cause de ses vertus particulières, et en permettant au sol de prendre une fermeté qui leur est très favorable.

Nous voyons donc que si le fumier est véritablement la base, le nerf, et la chose la plus essentielle de la culture, combien aussi le choix judicieux des récoltes et leur succession influent sur son produit et sur son bénéfice, par le produit plus grand qu'ils font retirer de la terre et du fumier, et pour ainsi dire par l'économie qu'ils en procurent.

Voilà déjà plusieurs conditions particulières pour notre culture : 1° qu'elle produise le plus de fumier possible ; 2° que les récoltes soient les plus belles et les plus riches possible ; 3° que chacune d'elles, par sa nature différente, soit propre à être suivie de l'autre.

Le plus grand produit possible constamment. Quelles conséquences allons-nous tirer de là ? Si notre culture était une fois établie de manière à nous donner ce plus grand produit possible, absolu, comme nous le supposons ici, toute autre qui ne serait pas exactement la même, ne pourrait nous donner qu'un produit inférieur, car cette condition du plus grand produit possible exclut même l'égalité : il faut donc, pour l'avoir constamment, que la culture soit toujours exactement la même, qu'elle puisse être répétée chaque année, en un mot qu'elle soit *constante.*

De cette constance, il résulte plusieurs conditions ou règles particulières :

Dans une culture constante, il faut 1° que les récoltes soient toujours les mêmes ; 2° que la quantité de chacune d'elles soit toujours la même ; 3° qu'elles se succèdent toujours dans le même ordre. Sans ces conditions, la culture ne serait pas toujours exactement la même, ou bien il faudrait que les récoltes restassent toutes toujours à la même place, qu'elles revinssent sans cesse sur elles-mêmes, ce qui serait détestable et contre ce que nous avons déjà dit : les récoltes qui se succèdent doivent être de nature différente ;

4° Une culture constante ne peut être composée que de récoltes annuelles, c'est-à-dire que la même ne peut occuper le même terrain deux années de suite : car en réalité, celle-ci, et par suite toutes les autres, succéderaient à elles-mêmes ;

5° Les quantités de chacune des récoltes doivent être égales entre elles, et, par conséquent, le terrain divisé en autant de parties égales qu'il y a de récoltes.

D'abord, la culture ne peut être composée que de récoltes annuelles ; il faut qu'elles se succèdent toujours dans le même ordre, et que, chaque année, chacune d'elles prenne la place d'une autre : d'autre part, la quantité de chacune d'elles doit toujours être la même, et cela tout en prenant la place de chacune des autres ; il faut donc qu'elles soient toutes égales entre elles, et parconséquent le terrain divisé en autant de parties égales qu'il y a de récoltes.

Réciproquement, si les quantités de chacune des récoltes qui forment une culture, sont égales entre elles, elle est constante.

Si je remplace la première par la seconde, la seconde par la troisième et ainsi de suite, les récoltes seront toujours les mêmes, en même quantité, et se succéderont toujours dans le même ordre, par conséquent la culture sera toujours exactement la même.

Observation. Cependant il n'est pas nécessaire que les quantités de chacune des récoltes soient égales entre elles d'une manière absolue ; si l'une d'elles était multiple de celle des autres, pourvu qu'elle ne fût pas plus grande que la moitié du terrain, la culture n'en serait pas moins constante.

Ainsi je dis que la culture (1/4 colza, 1/4 trèfle, 1/2 blé) est constante. En effet, la quantité 1/2 blé peut se décomposer en deux parties égales à celle de chacune des autres (1/4 blé plus 1/4 blé) ; et si je remplace 1/4 colza par 1/4 blé, 1/4 trèfle par 1/4 blé, 1/4 blé par 1/4 trèfle, et 1/4 blé par 1/4 colza, et continuant toujours de la même manière, ce qui nous donnerait la succession régulière (1/4 colza, 1/4 blé, 1/4 trèfle, 1/4 blé), la culture contiendra toujours les mêmes récoltes, en même quantité, et se succédant toujours dans le même ordre, donc elle sera constamment la même. C'est qu'en effet ces deux 1/4 blé sont devenus des récoltes pour ainsi dire différentes, par la condition de succéder toujours l'un au 1/4 colza, et l'autre au 1/4 trèfle.

Mais cette récolte multiple ne peut occuper plus de la moitié du terrain. Ainsi dans la culture (1/5 colza, 1/5 blé, 3/5 blénoir), en décomposant 3/5 blénoir en trois parties égales à celle de chacune des autres récoltes, et les faisant se succéder comme ci-dessus, il faudrait remplacer 1/5 blénoir par 1/5 blénoir, et parconséquent toutes les récoltes par elles-mêmes pour que la culture fût constante.

Conséquemment, si, dans une culture constante, la quantité de l'une des récoltes est plus grande que celle des autres, chacune d'elles doit être le même sous-multiple de celle-ci.

Pour avoir une idée bien nette d'une culture constante, formons le tableau de ses divers états par rapport au terrain total et à chacune de ses parties.

Soient A, B, C, D, quatre récoltes égales entre elles et formant une culture constante ; elles doivent se succéder toujours dans le même ordre, de sorte que si A, B, C, D est l'ordre primitif, B doit toujours succéder à A, C à B, D à C, et A à D. La culture contenant quatre récoltes, le terrain sera divisé en quatre parties égales et son emploi sera :

1re année	A	B	C	D
2me année	B	C	D	A
3me année	C	D	A	B
4me année	D	A	B	C

Si nous continuions la même manière de sucression, nous retomberions sur la première culture A, B, C, D, et parconséquent sur une suite de tableaux tous pareils à à celui-ci ; il représente donc bien tous les états de la culture par rapport au terrain total et à chacune de ses parties. Or, si nous l'examinons par lignes horizontales, ce qui nous montre l'emploi, chaque année, du terrain total, soit par lignes verticales, ce qui nous montre la succession des récoltes dans chacune des parties, nous voyons que chacune de ces lignes verticales contient les mêmes récoltes que l'une des lignes horizontales, exactement dans le même ordre dans les unes et dans les autres; on peut donc dire, en comptant ce tableau par lignes verticales séparées, qu'une culture constante est formée d'un ensemble ou d'une suite de successions toutes pareilles entre elles et à la culture primitive.

Le plus grand produit possible aux moindres frais possibles.

Ces frais sont de deux sortes, ceux de la main-d'œuvre et ceux du fumier ; mais remarquons que dans chaque localité, on peut dire qu'on ne cultive que les mêmes récoltes ; par conséquent entre deux cultures qui sont dans les mêmes conditions, les frais de main-d'œuvre doivent être les mêmes, ou s'ils ne sont pas égaux, cela ne peut provenir que de la direction et de l'organisation du travail, des procédés employés et de la valeur de l'ouvrier, c'est-à-dire de l'individu plutôt que de la culture elle-même ; et, de deux cultures bien faites, dont les terres sont égales en quantité et en qualité, si l'une contient plus de récoltes riches, la cause n'en peut être que la différence des quantités du fumier employées : mais cette différence produit des effets si grands, et celle des frais de main-d'œuvre qui en résultent est si petite en comparaison, qu'il paraît juste de ne tenir compte que des frais du fumier et de négliger les autres : au reste, comme condition essentielle de la culture, il n'est pas nécessaire de considérer ceux-ci, puisqu'ils n'en sont que la conséquence, et sont dépendants autant de l'individu que de la culture elle-même ; ce n'est certes pas sur eux que nous pouvons établir sa composition ; restent donc les seuls frais du fumier.

Nous pouvons dire alors que toute culture qui tire de la terre le plus grand produit possible aux moindres frais possibles, doit aussi tirer du fumier le plus grand produit possible.

Sans cela, il y en aurait nécessairement une autre qui tirerait de la terre avec ce même fumier, c'est-à-dire avec les mêmes frais, un produit plus grand ; donc la première ne tirerait pas de la terre le plus grand produit possible aux moindres frais possibles.

Réciproquement. Toute culture qui tire du fumier le plus grand produit possible, tire aussi de la terre le plus grand produit possible aux moindres frais possibles.

En effet, la culture précédente tire du fumier le plus grand produit possible ; si celle-ci n'était pas la même, il y en aurait donc deux différentes qui tireraient de ce même fumier le plus grand produit, ce qui ne peut être ; car cette dernière condition exclut même l'égalité.

Conséquemment. Toute culture qui ne tire pas du fumier le plus grand produit possible, ne tire pas de la terre le plus grand produit possible aux moindres frais possibles.

Car alors elle tirerait du fumier le plus grand produit possible.

Donc la deuxième condition est nécessaire et suffisante.

De ce que nous avons dit jusqu'ici, nous devons encore conclure que : *avec une même quantité de fumier, moins on fera de récoltes, plus la culture sera riche, pourvu que, par leur succession, elle tire du fumier le plus grand produit possible.* Car plus chacune d'elles trouvant de fumier sera riche, et alors nécessairement plus la culture le sera aussi ; et sans la seconde condition, elle ne donnerait pas le plus grand produit possible aux moindres frais possibles.

Voilà les conditions et les règles que nous a fournies l'examen des trois conditions principales, et que la culture, réduite à ses seules ressources, doit observer pour tirer de la terre le plus grand produit possible, constamment, aux moindres frais possibles ; de plus elles sont suffisantes, essayons d'en former une qui les accomplisse toutes.

Composition de la Culture dans ce cas particulier. Ce sont évidemment les conditions les plus importantes qui doivent d'abord nous diriger, reportons-nous y donc : celle que nous avons trouvée la plus essentielle, c'est de produire le plus de fumier possible : mais le fumier, dans ce cas que nous avons choisi, c'est le résultat des pailles et des fourrages, c'est-à-dire des blés et des fourrages : ce sont donc là deux genres de récoltes indispensables, et le produit et la richesse de la culture dépendent essentiellement de leurs quantités ; elles doivent donc, à coup sûr, occuper la plus grande partie possible du terrain. Mais la culture doit satisfaire aussi à d'autres conditions également nécessaires qui vont déterminer ces quantités.

Pour éviter la confusion, séparons ces deux récoltes et tâchons de fixer d'abord la quantité des blés. C'est par eux que nous devons commencer, car ils sont plus riches que les fourrages, et par conséquent doivent, de préférence à ceux-ci, occuper la plus grande partie possible du terrain. Comme, ici, toutes les récoltes doivent être les plus riches possible, et produire le plus de fumier possible, ces blés seront du froment qui est la plus précieuse de toutes les céréales en paille et en grain.

La condition de constance limite leur quantité : elle ne peut être plus grande que la moitié du terrain (page 10). Soit donc 1/2 *froment*.

La quantité de cette récolte étant fixée, nous pouvons déterminer celle de chacune des autres qui doivent composer la culture, ainsi que leur nombre. En effet, la quantité du froment étant la plus grande possible pour une récolte quelconque, celle de chacune des autres doit être le même sous-multiple de celle-ci (page 10), et par conséquent le 1/2, le 1/4 ou le 1/6 du terrain, ou la culture composée de 2, 4 ou 6 récoltes. Mais celle que nous cherchons doit être la plus riche possible aux moindres frais possibles, et nous avons dit (page 13), avec une même quantité de fumier (celle produite par la culture) moins on fera de récoltes, plus la culture sera riche, pourvu que par leur succession, elle tire du fumier le plus grand produit possible; donc, parmi toutes les cultures qui pourraient nous être fournies par ces sous-multiples, les plus riches sont celles qui ne seraient composées que de 2 ou de 4 récoltes. Mais la première doit être rejetée parce que, d'abord, il faudrait que ces deux récoltes pussent bien réussir en revenant tous les deux ans sur le même terrain, et surtout parce que deux récoltes ne suffiraient pas, seules, pour tirer de cette quantité de fumier produit par 1/2 froment, et bien employé, le plus grand produit possible, et par conséquent cette culture ne serait pas faite aux moindres frais possibles (page 13); mais il est hors de doute qu'on ne puisse y arriver par quatre récoltes successives; donc, la plus riche, aux moindres frais possibles, de toutes ces cultures, est celle qui sera composée de quatre récoltes, et n'en contiendra que quatre; mais dans celle que nous formons, 1/2 froment compte pour deux récoltes différentes, comme nous l'avons expliqué page 9, nous n'avons plus alors à en trouver que deux autres qui ne seront pas de la même espèce.

Ainsi, pour que la culture réduite à ses seules ressources soit constante, produise le plus de fumier possible, et donne en même temps le plus grand produit possible aux moindres frais possibles, il faut qu'elle soit composée de quatre récoltes, que les deux quarts du terrain soient en froment, et que la quantité de chacune des deux autres soit égale au 1/4 du terrain.

Le nombre et la quantité des récoltes étant fixés, il nous resterait à les déterminer et à régler leur succession, toujours dans le même but du plus grand produit possible, etc. Mais le produit de la culture dépend de la richesse des récoltes, et celle-ci, évidemment, de la quantité de fumier qu'elles reçoivent : ici, vient donc se poser cette question importante : Comment doit-on employer le fumier, dans une culture constante composée de quatre récoltes, pour tirer de la terre le plus grand produit possible, constamment, aux moindres frais possibles ?

Pour cela, reprenons le tableau que nous avons établi (page 10) et qui représente tous les états d'une culture constante composée de quatre récoltes, par rapport au terrain total et à chacune de ses parties.

A B C D
B C D A
C D A B
D A B C

Si nous l'observons par lignes horizontales, ce qui nous montre l'emploi, chaque année, du terrain total, nous voyons que chacune d'elles est composée des mêmes récoltes, en même quantité, et se succédant dans le même ordre : par conséquent toutes ces lignes horizontales doivent être traitées pareillement sous le rapport du fumier, c'est-à-dire en recevoir, chacune à son tour, une même quantité ; mais la culture étant constante, la quantité de fumier produite chaque année est toujours la même : donc chacune de ces lignes horizontales doit recevoir, chacune à son tour, c'est-à-dire chaque année, *en une seule et même année*, tout le fumier produit pareillement chaque année.

Ceci ne résoud pas encore entièrement la question : mettrons-nous le fumier tout entier à A seulement, ou le partagerons-nous entre A et B ?

Mais si, au lieu de considérer ce tableau par lignes horizontales, nous l'observons par lignes verticales qui nous montrent la succession des récoltes dans chacune des parties du terrain, nous voyons qu'il est formé d'un ensemble de successions composées des mêmes récoltes que dans les lignes horizontales, en même quantité, et dans le même ordre ; donc chacune de ces lignes verticales doit se trouver traitée, sous le rapport du fumier, exactement de la même manière que les lignes horizontales ; donc chacune d'elles doit recevoir alternativement, chaque année, *en une seule et même année,* tout le fumier produit chaque année : mais dans ces lignes verticales, A et B se succèdent, n'existent pas ensemble la même année, il est donc impossible d'appliquer à toutes les deux à la fois, *en une même et seule année,* le fumier tout entier ; donc on ne peut l'appliquer qu'à une seule des récoltes, ou au 1/4 du terrain seulement.

Observons que cette récolte qui reçoit tout le fumier produit, ne peut pas être du froment ; car nous en avons déjà la moitié du terrain, et parce que ni l'un ni l'autre de ces 1/4 *froment* ne serait capable d'en supporter une telle quantité, et verserait infailliblement. (Nous supposons, ne l'oublions pas, que la culture produit le plus de fumier possible, et d'ailleurs cette quantité est déjà indiquée approximativement par les pailles de 1/2 froment.) Mais quelle que soit cette récolte, désignons la par 1/4 *fumé.*

Nous pouvons donc déjà dire que notre culture doit être composée de quatre récoltes, dont deux sont parfaitement fixées : 2/4 *froment*, et nous avons appelé la troisième 1/4 *fumé;* il ne nous reste plus qu'à déterminer la 4me. Mais nous avons dit : la culture doit aussi produire le plus de fourrages possible ; cependant nous n'avons encore aucune partie qui leur soit consacrée ; car nous ne les ferons point dans la partie 1/4 *fumé* qui reçoit tout le fumier, parce qu'ils n'en demandent que peu ; ils ne pourraient le supporter. Soit donc ce dernier 1/4 *en fourrages*, et l'emploi de notre terrain est complet.

Maintenant que nous connaissons le nombre et la quantité des récoltes, le genre des 3/4, et au moins la disposition du fumier par rapport à la 4me, réglons leur succession.

Nous remarquons tout d'abord, que le froment occupant chaque année la moitié du terrain, et les récoltes ne pouvant se succéder à elles-mêmes, chacun de ces 1/4 *froment* doit occuper, l'année suivante, l'un la place de 1/4 *fumé*, et l'autre celle de 1/4 *fourrages ;* l'ordre de succession des récoltes est donc nécessairement et rationnellement 1/4 *fumé*, 1/4 *froment*, 1/4 *fourrages*, 1/4 *froment*.

Tel est donc le tracé auquel nous avons été conduits, et nous devons le regarder, avec une certitude incontestable, comme le plan de la culture réduite à ses seules ressources, qui tire de la terre le plus grand produit possible, constamment, aux moindres frais possibles; car, pour l'établir, nous avons tenu compte de toutes les conditions nécessaires et suffisantes qu'elle doit remplir pour atteindre ce but, et, par la manière dont nous l'avons formé, il est clair qu'il n'est pas possible d'en trouver un autre qui accomplisse toutes les conditions et les règles exigées.

Sans doute, ce n'est pas le plan définitif que nous avons à trouver (en proportion de nos ressources quelles qu'elles soient), mais comme nous l'avons choisi pour nous servir de guide, examinons-le, et voyons qu'elles conditions doit remplir la récolte de 1/4 *fumé* qui reste seule indéterminée, pour que la culture donne le plus grand produit possible, et même pour qu'elle soit possible.

1° Recevant du fumier, seule de toute la succession, elle ne doit pas être trop riche pour que celle-ci soit bien assurée; 2° précédant le froment, et la culture devant être la plus riche possible, cette récolte doit être propre par sa nature à être suivie du froment, et en même temps la plus riche possible, mais de manière que ce froment soit beau ; car toutes les récoltes doivent être belles.

Mais voyons si ces dernières conditions qui sont nécessaires ne sont pas suffisantes, c'est-à-dire si, alors, toutes les autres récoltes de la succession ne sont pas bien assurées. Et d'abord, le 1/4 *fourrages,* qui, sans recevoir de nouveau fumier, suit ce 1/4 *froment*, le sera-t-il ? C'est un fait uniquement d'expérience, et qu'elle confirme pleinement, pourvu toutefois, ne l'oublions pas, que ce froment soit beau, comme il doit l'être ici, par la force du fumier mis à la récolte qui le précède.

Il est, du reste, aisé de l'apercevoir : en effet, il est bien reconnu par l'expérience, que non seulement les fourrages, mais toutes les plantes coupées en vert, qui ne mûrissent pas sur pied, vivent autant par leurs feuilles que par leurs racines, et tirent leur nourriture autant de l'atmosphère que de la terre ; de sorte qu'elles n'exigent, et les fourrages particulièrement par leurs nombreuses feuilles, que peu de fumier pour réussir, et ils se contentent d'une terre presque épuisée ; mais, avec les précautions modérées que nous avons prises, le sol est loin d'être épuisé, et les fourrages qui suivent ce froment ne peuvent manquer d'être bien assurés et beaux.

Mais le froment qui, lui aussi, vient sans fumier après toutes les autres récoltes, sera-t-il bien assuré ? Oui : c'est encore un fait que l'expérience confirme, si les fourrages sont beaux. Essayons toujours de nous en rendre compte : Les fourrages, comme nous venons de le dire, tirent plutôt leur nourriture de l'atmosphère que de la terre, et ils la reposent ainsi plutôt que de l'épuiser ; les uns, tel que le trèfle, qui se sèment dans les céréales, occupent la terre sans la fatiguer, et sans qu'elle soit remuée pendant deux ans, et permettent ainsi au sol lassé ou trop ameubli, de se refaire et de se récomposer ; ils font donc par là les mêmes effets qu'une friche ou une pâture (*), et de plus, ils enrichissent le sol par la décomposition de leurs fortes et nombreuses racines, et par celle de leurs feuilles et nombreux débris perdus à la récolte : ils lui rendent ainsi plus qu'ils n'en n'ont tiré; aucune plante n'est plus propre à le débarrasser, sans frais, des mauvaises herbes, soit en les étouffant, soit en empêchant leurs graines d'y mûrir ; et par tous ces effets, ils augmentent tellement la fertilité du sol, et le disposent si bien à rapporter des blés, qu'il est bien avéré que, si ces fourrages sont beaux, comme ils doivent l'être ici, les blés, et même le froment, qui les suivent sont au moins aussi bons que si on leur eût appliqué directement du fumier.

Les autres fourrages, tels que le trèfle incarnat, la vesce, etc., ne demandent point ou n'exigent qu'un seul labour, et n'occupent la terre que pendant peu de temps; de sorte qu'avec les mêmes propriétés que les autres ci-dessus, ils font les mêmes effets qu'une friche ou une pâture, en ne labourant pas après leur coupe, ou bien, ils permettent au sol de recevoir les mêmes labours, et les mêmes influences de l'atmosphère que dans un guéret blanc (**), sans compter qu'ils l'enrichissent encore

---

(*) Nous entendons par pâture une terre laissée en repos pendant une année, sans être labourée, et abandonnée au pacage des bestiaux ; et par friche celle qui reste en pâture plus d'une année.

(**) Nous appelons guéret une terre qui ne rapporte aucune récolte pendant une année, et à laquelle, pendant ce temps, on donne un ou plusieurs labours.

de la décomposition de leurs racines, feuilles et débris. Ainsi les fourrages font, par rapport à la terre, les mêmes effets, et mieux encore, qu'une friche, une pâture, ou un guéret, qui sont, sans contredit, des meilleures préparations aux blés ; de sorte que si ils sont beaux, les blés qui les suivent ne peuvent manquer d'être bien assurés.

En résumant ce que nous venons de dire, nous voyons que toutes les récoltes, dans l'ordre de succession fixé, seront bien assurées, si nous choisissons celle de 1/4 *fumé* compôt à froment et la plus riche possible en proportion de nos ressources, pourvu que le froment qui la suit soit beau (souvenons-nous-en). Donc ces conditions sont nécessaires et suffisantes, et cette culture est possible.

Cet examen que nous venons de faire, nous permet encore de vérifier l'exactitude de notre plan : remarquons, en effet, que nous n'avons obtenu le dernier froment, bien moins par la force du fumier, que par les vertus améliorantes des fourrages, que par conséquent cette culture tire du fumier le plus grand produit possible ; elle tire donc de la terre le plus grand produit possible aux moindres frais possible (*page* 12) ; du reste elle est constante, elle le fera constamment; elle accomplit donc toutes les conditions demandées.

Ainsi, nous avons un plan possible et certain, mais établi dans des conditions particulières et choisies exprès : par exemple, nous n'avons tenu compte des bestiaux que d'une manière tout-à-fait indirecte, par les blés et les fourrages, faisons-le plus directement; notre culture sera moins resserrée, et voyons ce qu'il arrivera alors de ce plan.

Nous avons trouvé que la partie 1/4 *fumé* devait être occupée par une récolte *unique* qui devait, à elle seule, recevoir tout le fumier produit (page 15 et 17) ; mais si nous voulons tenir compte seulement des bestiaux nécessaires, la culture résultant de ce plan et avec ces conditions, ne pourra satisfaire à des nécessités et à des avantages de premier ordre ; ainsi, si la récolte unique de 1/4 *fumé* était, je suppose, du colza, nous ne pourrions avoir ni betteraves, ni autres racines fourragères pour nourrir nos bestiaux pendant l'hiver; et si, alors, nous ne pouvons leur donner que du fourrage sec et de la paille, leur nourriture nous coûtera d'abord très cher, ou ils mangeront une bonne partie de nos pailles, c'est-à-dire de notre fumier, et celui qu'ils feront sera bien moindre en quantité et qualité, il sera sec et pailleux ; en outre encore, nos vaches donneront en lait et en beurre, un produit bien inférieur. Par ailleurs, étant forcés de n'appliquer le fumier qu'à une seule récolte, une grande portion sera obligée de séjourner, presqu'une année entière, dans les cours où il perdra considérablement sous tous les rapports. C'est vrai ! ces reproches sont graves et bien fondés, et en tenant compte des bestiaux, et à plus forte raison de tous les animaux, c'est-à-dire dans la pratique, et au point de vue du bénéfice général, il vaudrait mieux perdre un peu sur le produit absolu des récoltes ! Voyons donc à faire quelques changements, sinon dans notre plan, au moins dans son application, pour introduire les betteraves, par exemple, dans la culture.

Supposons qu'elle soit dans le cas du produit absolu : 1/4 *colza*, 1/4 *froment*, 1/4 *fourrages*, 1/4 *froment*. Si nous voulons introduire les betteraves qui demandent plus de fumier que le colza, c'est-à-dire remplacer une partie de ce dernier par elles (nous ne pouvons toucher aux trois autres parties dont l'emploi est fixe et déterminé), il faudra nécessairement remplacer une autre partie de ce colza par une récolte qui exige moins de fumier que lui, par du blénoir, je suppose ; sans cela notre fumier n'y pourrait suffire (nous sommes réduits à nos seules ressources) ; alors notre culture serait : 1/4 *(betteraves, colza, blénoir)*, 1/4 *froment*, 1/4 *fourrages*, 1/4 *froment*.

Mais cette culture est impossible dans les conditions que nous avons dites ! Car, le blénoir n'est pas capable de supporter assez de fumier, et d'ailleurs il n'en reçoit pas assez, pour que le froment suivant, sans parler du reste de la succession, puisse réussir et soit beau après lui, sans en remettre de nouveau. Mais que faudrait-il pour qu'elle fût possible ?

Qu'après la somme de fumier dépensé par ces trois récoltes, il en restât juste assez pour que, mis après le blénoir *(toujours dans un 1/4 fumé)*, le froment suivant fût beau (cette condition suffit pour que toute la succession soit assurée (page 22); et cela pourra toujours se faire en remplaçant le colza par plus ou moins de blénoir, selon la quantité des betteraves; car l'excédant de fumier qui proviendra en remplaçant ainsi le colza par le blénoir, sera plus ou moins grand, selon la quantité du blénoir, et il nous fournira du fumier assez pour les betteraves et pour la réserve nécessaire après le blénoir, si la quantité des betteraves que nous désirons n'est pas trop forte.

Mais cela nous causera une perte! car, cette réserve de fumier, sans ces betteraves, eût été ajoutée à celui mis pour le blénoir qui remplace le colza, et aurait produit du colza suivi d'un beau froment, tandis qu'elle ne rapporte rien l'année présente! Et plus la quantité des betteraves, et par suite celle du blénoir, sera grande, plus cette réserve ou notre perte le sera. C'est vrai! Mais si nous ne faisons la quantité des betteraves que celle rigoureusement nécessaire pour l'avantage ou les nécessités de l'exploitation, celle des récoltes inférieures (*) et la réserve le seront pareillement, et alors la culture ne tirera pas moins de la terre, non plus d'une manière absolue, mais par rapport à l'exploitation, le plus grand produit possible, constamment, aux moindres frais possibles; car elle perdra le moins possible sur le produit absolu des récoltes, et ce

(*) Nous disons récoltes inférieures, celles qui ne reçoivent pas assez de fumier pour que le froment qui les suit soit beau, sans en remettre de nouveau.

qu'elle perdra ainsi, elle le gagnera, et au-delà, sur le produit général.

Donc, *dans la Pratique,* pour tirer de la terre le plus grand produit ou bénéfice possible, constamment, aux moindres frais possibles, par rapport à l'exploitation, on peut et on doit occuper la partie 1/4 *fumé* par deux ou plusieurs récoltes de richesse inégale, qui soient toutes compôts à froment, pourvu que, après la somme de fumier dépensé par leur ensemble, il en reste juste assez pour que, mis après les récoltes inférieures, le froment qui les suit soit beau, et que la quantité des récoltes supérieures soit, juste, celle indispensable pour les avantages ou les nécessités de l'exploitation.

Remarquons bien que nous n'avons rien à changer à notre plan; la partie 1/4 *fumé* reçoit toujours tout le fumier produit chaque année, *en une seule et même année,* seulement nous le mettons, en partie, en deux fois au lieu d'une seule, dont celle après les récoltes inférieures est mise pour le froment de l'année suivante et non à ce froment.

Observons qu'après ces récoltes inférieures, la quantité de fumier réservée doit être assez grande pour que le froment suivant soit beau, non pas tant par leurs vertus améliorantes, que par la force du fumier; car si, au lieu du blénoir, nous avions supposé un fourrage, avec peu et peut-être même sans fumier, le froment suivant pourrait être bon, mais après lui, la terre se trouverait complètement épuisée, et le reste de la succession ne pourrait réussir.

Rappelons-nous cette réserve, désormais elle jouera un grand rôle, et comprenons-la bien : c'est la quantité de fumier nécessaire après chacune des récoltes inférieures pour que les blés qui les suivent soient beaux, et nous la comptons comme faisant partie de ces récoltes, mais elle ne sert qu'aux blés suivants.

Maintenant, étendons notre culture, rendons la presque générale, et cherchons le plan *de la culture réduite à ses seules ressources, qui tire de la terre le plus grand produit possible, continuellement, aux moindres frais possibles, en proportion des ressources, quelles qu'elles soient, par rapport à l'exploitation.*

Mais notre plan précédent remplit déjà toutes les conditions que nous demandons ici! d'une manière absolue, il est vrai, et cela parce que nous avons supposé les ressources les plus grandes possibles d'une manière absolue, et que nous avons cherché le produit de la terre en proportion de ces ressources : de là, en effet, le plus grand produit possible absolu, et constamment au lieu de continuellement, parce qu'il ne peut grandir (*page* 5); supposons-les donc moins grandes, et voyons quels effets cela produira sur ce plan, et où cela pourra nous conduire.

Les ressources étant moins grandes, le produit le sera pareillement : voyons donc d'abord ce qu'il adviendra de la partie 1/4 *fumé* qui, dans ce premier cas particulier, est la principale pour le produit.

Supposons que, dans le cas précédent, la culture soit 1/4 *colza*, 1/4 *froment*, 1/4 *fourrages*, 1/4 *froment*, et que, nos ressources étant moins grandes, nous ne puissions plus occuper 1/4 *fumé* tout entier par du colza, avec la même application du fumier, mais par du colza et du blénoir, de sorte qu'elle serait 1/4 *(colza, blénoir)*, 1/4 *froment*, 1/4 *fourrages*, 1/4 *froment*.

Cette culture sera toujours possible, quelle que soit la quantité du blénoir, si, comme nous l'avons expliqué (*page* 25), nous avons soin de conserver une réserve de fumier suffisante pour que, mise après le blénoir, le froment suivant soit beau; ce que nous disons du blénoir serait également vrai pour une récolte encore moins riche, pour le guéret par exemple; donc cette culture est toujours possible jusqu'à 1/4 *guéret*, 1/4 *froment*, 1/4 *fourrages*, 1/4 *froment*, où la réserve serait la plus grande possible et comprendrait le fumier tout entier.

Mais l'application du fumier étant toujours la même que dans notre plan précédent, ces deux cultures, et toutes les intermédiaires, peuvent être toujours données et représentées par 1/4 *fumé*, 1/4 *froment*, 1/4 *fourrages*, 1/4 *froment*.

Mais le produit de ces cultures peut varier par degrés insensibles, en variant de même les quantités du colza, du blénoir et du guéret, donc ce plan peut représenter tous les états de produit de la culture, depuis le plus grand produit absolu jusqu'à 1/4 *guéret,* 1/4 *froment,* 1/4 *fourrages,* 1/4 *froment.*

Supposons, maintenant, nos ressources encore moins grandes, et pas assez pour que, dans la culture 1/4 guéret, 1/4 froment, 1/4 fourrages, 1/4 froment, 1/4 *froment* tout entier soit possible avec la même application du fumier, c'est-à-dire que toute la réserve de fumier nécessaire après le guéret, ou le fumier tout entier, ne soit pas suffisante, et que cette partie ne puisse plus être occupée que par du froment et de l'avoine par exemple, de sorte que la culture serait 1/4 *guéret,* 1/4 *(froment-avoine),* 1/4 *fourrages,* 1/4 *froment.*

Nous n'avons pas à nous demander si cette culture est possible, puisque nous faisons précisément de l'avoine au lieu de froment pour qu'elle le soit ; et elle le sera toujours, avec cette même application du fumier, jusqu'à ce que la réserve du fumier ne soit plus suffisante, après le guéret, pour produire le blé le moins exigeant de tous sous le rapport du fumier, c'est-à-dire, jusqu'à 1/4 *guéret,* 1/4 *avoine,* 1/4 *fourrages,* 1/4 *avoine.*

C'est donc la limite inférieure de possibilité de ce système, et elle est assez basse pour qu'on puisse dire, sans crainte de se tromper, de toute culture qui peut se suffire à elle-même.

Mais toutes les cultures intermédiaires peuvent donner, par degrés insensibles, en variant de même les quantités du froment, de l'avoine ou autres céréales, tous les états de produit compris entre ces deux cultures ; et l'application du fumier étant toujours la même, elles peuvent toutes être représentées par 1/4 *fumé*, 1/4 *blés*, 1/4 *fourrages*, 1/4 *blés* (blés désignant des céréales quelconques).

Donc, toutes les premières diminutions de produit peuvent être données et représentées par le plan 1/4 *fumé*, 1/4 *froment*, 1/4 *fourrages*, 1/4 *froment*, toutes les secondes par 1/4 *fumé*, 1/4 *blés*, 1/4 *fourrages*, 1/4 *blés ;* mais ce premier plan rentre dans le second, en supposant que les blés soient du froment, donc le plan 1/4 *fumé*, 1/4 *blés*, 1/4 *fourrages*, 1/4 *blés*, peut donner tous les états de produit possibles, et par degrés insensibles, depuis le plus grand produit possible absolu, jusqu'à la limite inférieure de toute culture qui peut se suffire à elle-même ; donc, il peut donner, convenablement employé, le produit de la culture réduite à ses seules ressources, que nous aurions à établir, *quelle qu'elle fût*, pour tirer de la terre le plus grand produit possible, continuellement, en proportion de nos ressources quelles qu'elles soient, aux moindres frais possibles ; donc ce plan est bien celui que nous cherchions, et tel que nous le cherchions.

Dans ce plan, nous nous sommes encore occupés particulièrement des récoltes, et nous n'avons rien dit des animaux, tenons en compte d'une manière générale.

Cette quantité 1/4 fourrages que ce plan détermine, est nécessaire, et elle peut être même suffisante pour entretenir le nombre d'animaux indispensable à la culture, mais souvent le bénéfice le meilleur et le plus net de notre exploitation, serait celui que nous pourrions en retirer par un plus grand nombre d'animaux ; il nous faudrait donc renoncer à ce bénéfice si nous suivions ce plan ; il est défectueux sous le rapport des fourrages ! Non. Remarquons d'abord que c'est une affaire purement de circonstances, car nous n'aurons intérêt à remplacer le produit des récoltes par celui des animaux, que quand ce dernier sera plus grand ; cependant, je dis que nous pourrons toujours produire des fourrages ou entretenir des animaux autant que nous y trouverons bénéfice, mais dans la limite de nos ressources, bien entendu.

En effet, n'avons-nous pas la partie 1/4 *fumé* dont l'emploi est indéterminé, que par conséquent nous devons occuper par les récoltes qui nous donnent le plus de bénéfice de quelque manière que ce soit (excepté par les blés), pourvu que leur ensemble soit en proportion de nos ressources (page 26) ; par exemple, si nos ressources sont grandes, au lieu de remplir 1/4 *fumé* par du colza, je suppose, nous pourrons, si nous y trouvons plus de bénéfice par les animaux, l'occuper en partie, comme nous l'avons expliqué page 24, par plus ou moins de betteraves et une récolte inférieure, qui sera un fourrage puisque nous le désirons ; et même si nous voulions, nous le pourrions tout entier en betteraves et en fourrages. Nous produirions ainsi une masse énorme de nourriture pour nos bestiaux.

Si nos ressources sont moins grandes, nous aurions

dans cette partie moins de racines et des fourrages, ou, si elles ne nous permettaient pas les racines, nous pourrions l'occuper, même tout entière, par des fourrages simples ; car, de toutes les récoltes, ce sont les fourrages qui exigent le moins de fumier pour eux et après eux par rapport aux blés qui doivent les suivre, et ils en favorisent la production et la richesse (page 20).

Enfin, si nos ressources sont extrêmement petites, nous pourrons occuper **1/4** *fumé* par des fourrages et du guéret, ou, à tout le moins, par du guéret seul, qui lui-même aiderait encore à l'entretien des bestiaux par le pâturage quoique de peu de valeur qu'il procure ; mais d'après l'expérience que nous avons dite (page 20), la plupart des fourrages ne demandent pas plus de fumier pour eux et après eux que le guéret, et peuvent le remplacer avec avantage sous tous les rapports. (*)

Nous voyons donc que nous pourrons toujours augmenter la quantité des fourrages ou des animaux dans la proportion de nos ressources.

Mais si la quantité des animaux était plus grande, celle du fumier le serait nécessairement aussi, et par conséquent le produit des récoltes serait plus grand : il faut donc en conclure que nous devons augmenter la quantité des fourrages et le nombre des animaux, au moins tant que le bénéfice des récoltes que nous remplacerions par des fourrages, ne sera pas supérieur à celui des animaux que nous pourrions nourrir ainsi ; car d'un côté, par les animaux, nous aurons un béné-

---

(*) Ceci est peut-être un peu trop absolu, mais si notre terre était par trop maigre, il ne serait besoin, en tous cas, que de bien peu de fumier.

fice supérieur à celui des récoltes remplacées par les fourrages; d'autre part, le produit des autres récoltes sera plus grand ; nous retirerons donc clairement des récoltes et des animaux le plus grand bénéfice possible. C'est là notre but définitif, et telle est la manière dont nous devons employer ce plan.

Nous voyons, du reste, qu'il règle autant qu'il soit possible la composition de la culture : il ne laisse qu'une seule partie indéterminée pour que nous puissions agir selon nos besoins, nos intérêts et les circonstances, comme nous venons de l'apercevoir, et encore il marque une condition majeure pour cette partie : elle recevra tout le fumier produit; il fixe donc l'emploi du fumier, le genre des trois quarts des récoltes, leur succession, leurs quantités proportionnelles, et la disposition du fumier par rapport à la quatrième partie. Mais pourquoi cette partie reste-t-elle indéterminée, ainsi que les espèces des autres? Uniquement parce que la quotité de nos ressources n'est pas, elle-même, déterminée; quand elles le seront, c'est-à-dire quand il s'agira de l'application de ce plan, nous verrons avec quelle facilité il permet de déterminer les espèces et les quantités de toutes les récoltes, en proportion de nos ressources quelles qu'elles soient. C'est par son application, c'est-à-dire par la pratique seule, que nous pourrons et que nous devons juger de son efficacité.

Arrivons maintenant au cas tout-à-fait général.

De la culture quand on emploie des ressources du dehors.

Ici, nous pouvons tirer du dehors pailles, fourrages, fumier, etc., la culture n'est donc obligée de produire aucune de ces choses nécessaires ; par conséquent nous ne pouvons trouver directement aucunes conditions précises pour l'établir ; cependant. voyons si, par comparaison, nous ne pourrions arriver à quelque chose de certain.

D'abord. il est clair que tant que les conditions de la culture seront les mêmes. et que les quantités du fumier, y compris celui acheté. ne seront pas plus grandes que celle qu'elle pourrait produire, son plan ou sa composition doit être le même que lorsqu'elle est réduite à ses seules ressources : il n'y a pas de raisons pour qu'il en soit autrement : voyons donc quelles sont les conditions ou le but de la culture dans ce cas actuel ? C'est, comme quand elle est réduite à ses seules ressources, de tirer de la terre le plus grand produit possible aux moindres frais possibles. en proportion de nos ressources; mais doit-elle aussi le faire continuellement ? Non, pas toujours : car si nous l'avions portée à un haut degré par des achats de fumier. et que. par un motif quelconque, nous cessions ces achats, ou qu'ils fussent moins forts, il en résulterait évidemment une défaillance considérable dans la culture : par conséquent. en général, elle ne doit pas le faire continuellement ce qui marque un progrès continu, encore moins constamment ce qui indique une fixité absolue. mais cependant, elle doit donner le plus grand produit possible aux moindres frais possibles. toutes les fois et en proportion que nous lui fournissons du fumier, c'est-à-dire *toujours ;* le but général de la culture est donc bien tel que nous l'avons dit en commençant.

Examinons si, cependant, elle ne doit pas le faire continuellement, au moins jusqu'à la limite supérieure de la culture réduite à ses seules ressources.

Supposons que, par des achats de fumier, nous soyons arrivés plus ou moins près de cette limite, et que nous les cessions tout à coup, que devrait alors faire la culture? Jusque-là, elle peut et, par conséquent, elle doit se soutenir par elle-même au même degré, et aussi faire des progrès continuels, c'est-à-dire tirer de la terre le plus grand produit possible, continuellement, etc. Donc, jusqu'à cette limite, les conditions et les quantités de fumier étant exactement les mêmes, la culture ne peut être différente ; c'est-à-dire, tant que la somme des quantités du fumier produit et acheté, ne surpassera pas celle la plus grande que la culture réduite à ses seules ressources peut produire, le plan de la culture doit toujours être le même.

Dans l'état ordinaire, la culture ne produit point autant de fumier, et pour peu que notre exploitation ait d'étendue, nous pourrons en acheter une grande quantité dont nous aurons l'emploi avec certitude.

Mais ne pourrions-nous pas aller encore plus loin, jusqu'à la limite de possibilité de ce système de culture ? Nous en avons discuté les conditions nécessaires et suffisantes (page 19 et suivantes), qui sont en définitive :

que la partie 1/4 *fumé* soit occupée par des récoltes tant riches qu'on pourra, autrement dit, qu'elle consomme du fumier tant qu'elle pourra, pourvu qu'après ces récoltes produites avec cette masse de fumier, cette partie ne soit ni trop maigre, ni trop grasse, pour que le blé qui la suit soit beau : ici, que nous achetons considérablement de fumier, nous n'avons pas à craindre qu'elle soit trop maigre, et nous pouvons faire en sorte qu'elle ne soit pas trop grasse, quelle que soit pour ainsi dire la quantité de fumier que nous achetions. En effet, si nous occupions cette partie par des récoltes simples qui consomment beaucoup de fumier, telles que le colza, les betteraves, les pommes de terre, etc., ou si, plus encore, nous doublions ses récoltes en portion plus ou moins grande, selon la quantité de fumier ; c'est-à-dire, si nous faisions suivre, par exemple, une partie du colza par du blé noir, des navets, etc., en ajoutant du fumier si cela est nécessaire : ou bien, si nous faisions précéder les betteraves par de la vesce, du trèfle incarnat, du seigle, des navets ou du colza à faucher, etc., en mettant du fumier à ces derniers et complétant la fumure pour les betteraves : enfin, si nous occupions la partie 1/4 *fumé* par une combinaison semblable de récoltes convenablement choisies, nous voyons bien, en agissant ainsi, que nous profiterions immédiatement du fumier, que nous l'épuiserions plus ou moins par cette récolte simple ou double, qui serait plus ou moins riche en proportion que nous en achèterions, et que par les trois autres récoltes qui suivent, nous pourrions tirer du fumier le plus grand produit possible : donc, tant que par cette combinaison de récoltes nous pourrons produire ces effets, c'est-à-dire jusqu'à la limite de possibilité de ce système, la culture accomplira toutes les conditions voulues : elle tirera de la terre le plus grand produit possible aux moindres frais possibles (*page* **12**), (chaque année par **1/4** *fumé*), *toujours*, en proportion que nous lui fournirons du fumier.

Au-delà de cette limite, en allant de proche en proche, il y a, sinon une certitude complète, au moins une grande probabilité pour que ce système soit encore le meilleur.

Or, il sera au moins très rare que nous veuillions, et même que nous puissions acheter une quantité de fumier plus grande que celle que nous pourrions consommer ainsi que nous venons de le voir ; nous pouvons donc dire avec certitude que **1/4** *fumé*, **1/4** *blés*, **1/4** *fourrages*, **1/4** *blés*, est le plan général et vrai de la culture qui tire de la terre le plus grand bénéfice possible, toujours, aux moindres frais possibles, en proportion de nos ressources quelles qu'elles soient.

APPLICATION DU PLAN GÉNÉRAL

A présent que nous avons établi un plan général de culture, et que nous le savons bon, avec certitude, pour juger de ses effets, et bien voir toute son utilité pratique, faisons-en l'application.

Supposons que notre exploitation soit de 40 hectares de terre labourables, et que nos ressources soient de 200 charretées de fumier ; il s'agit de déterminer l'emploi de ces 40 hectares en proportion de ces ressources. Suivons notre plan général 1/4 fumé, 1/4 blés, 1/4 fourrages, 1/4 blés ; nous n'avons plus à nous occuper d'autre chose que de le remplir.

Remarquons bien toute l'importance de la partie 1/4 fumé : c'est elle qui reçoit tout le fumier, parconséquent c'est de son emploi que dépend la réussite de toute la culture ; aussi ne devons-nous pas hésiter, s'il y a doute sur la quantité de fumier pour une pièce de terre, d'en mettre plus que moins : nous le regagnerons hardiment par la plus grande beauté des récoltes qui suivent : et si nous n'en mettions pas assez, notre succession tout entière serait faible, et nous pourrions perdre beaucoup par cette économie mal entendue.

Observons encore que les blés qui, sans recevoir directement de fumier, doivent suivre cette partie, demandent à en trouver plus ou moins selon leurs espèces, que par conséquent son emploi dépend encore du choix que nous ferons de ces blés, et de la quantité de chacun d'eux ; il faudrait donc avant tout les fixer d'une manière décisive.

Mais ce choix ne dépend pas entièrement de nous, ni même toujours de la quantité du fumier, mais quelquefois de l'espèce du fourrage qui doit suivre ces blés ; c'est son importance qui doit par fois nous décider : ainsi le trèfle qui se sème dans les céréales, ne réussit pas bien partout dans le froment, nous serons alors obligés de choisir ou l'orge ou l'avoine..

Cette observation nous dirigera à l'occasion pour une partie de nos blés ; nous n'oublierons pas non plus que ce sont eux qui nous fournissent nos ressources pour l'année suivante, et à valeur à peu près égale, nous préférerons ceux qui produisent le plus de paille ; Mais, pour que nous puissions résoudre la question avec facilité, nous ne prendrons d'abord qu'une seule espèce de blés pour chacun des 1/4 blés : la connaissance de nos besoins principaux, et notre habitude de la culture, suffiront pour les choisir sinon exactement en proportion de nos ressources (*),

(*) A l'inspection de nos blés nous connaitrons à peu de chose près la quantité de nos ressources ; ils nous rendront en fumier environ quatre fois le poids de la paille, plus ou moins

au moins de manière qu'ils ne les surpassent point, n'en cherchons pas davantage, pour le moment ; cela fait, nous établirons notre culture d'après ce choix de premier coup-d'œil, et si nous ne la trouvons pas la plus convenable, nous la corrigerons à notre volonté, selon nos besoins, nos intérêts et les circonstances.

Supposons donc que notre premier 1/4 blés soit de l'orge, que 1/4 fourrages soit du trèfle, et le dernier 1/4 blés du froment.

Ces trois récoltes étant choisies à l'avance, mais peut-être pas à demeure, notre plan général devient 1/4 *fumé*, 10 *orge*, 10 *trèfle*, 10 *froment* ; tout se réduit donc à trouver l'emploi de la partie 1/4 fumé, en tenant compte des trois autres qui sont déjà composées, et en proportion de nos ressources.

C'est encore à nous de choisir les récoltes par lesquelles nous voulons l'employer, puis nous aurons à déterminer

---

suivant que nous changerons la litière plus ou moins souvent, et à condition que nos bestiaux n'en mangent pas trop. Ce nombre est d'accord avec un bien vieux dicton qui court les campagnes : une charretée de paille donne deux charretées de fumier ; 1,500 kilog. de paille font une moyenne charretée, ôtons-en environ le quart ou 400 kilog. que mangeront les bestiaux, il restera environ 1.200 kilog. de paille, et ce nombre multiplié par 4, donnerait de 4,000 à 4,500 kilog. de fumier, ou deux moyennes charretées. — Voyez donc combien nous devons être, je dirai avares de nos pailles, quand il s'agit d'en donner aux bestiaux comme nourriture. — Au reste, quand même nous nous tromperions sur le rapport entre les pailles et le fumier, que, notre culture étant régulière, l'expérience d'une seule année nous fera connaître la quantité ordinaire de nos ressources.

leurs quantités. Supposons que ce soit le colza et le blénoir. Contentons-nous d'abord de deux récoltes, dont l'une sera des moins riche de celles que nous désirons ; si nous en voulons une troisième, nous l'introduirons plus tard.

Mais il faut que nous sachions les conditions dans lesquelles notre succession peut réussir avec ces blés, ce colza et ce blénoir : disons donc que pour le colza suivi de la succession (orge, trèfle, froment) il faut, par hectare, 24 charretées de fumier telles qu'on les porte dans les terres labourées, et pesant de 1,000 à à 1,200 kilogrammes (de 25,000 à 30,000 kilog.) ; que pour le blénoir suivi de la même succession, il faut, par hectare, 18 charretées de fumier, en y comprenant la réserve nécessaire après lui pour que les blés qui le suivent soient beaux, comme nous l'avons expliqué *page* 22, et nous ne devons jamais les séparer, savoir : 10 au blénoir et 8 après lui pour l'orge (de 18,000 à 20,000 kilog.) (*).

Ces conditions posées, il s'agit de déterminer les quantités du colza et du blénoir. C'est au moyen de cette réserve, et par la composition de notre plan, qui permettent de compter tout le fumier comme appliqué à une seule partie, que nous allons y arriver.

(*) Nous ne donnons pas ces quantités comme certaines, mais à peu près, elles doivent varier selon l'état et la qualité des terres. Quelques-uns pourront même les trouver un peu fortes, mais mieux vaut moins de colza qui soit beau et un peu plus de blénoir, suivis tous deux de bons froments, que plus de colza qui ne serait que passable et un peu moins de blénoir, qui ne seraient suivis que de froments médiocres.

(1) Pour cela, comparons celle des deux récoltes qui demande le moins de fumier, y compris la réserve, à la quantité totale de nos ressources : multiplions 10, nombre des hectares de 1/4 fumé, par 18, nombre des charretées de fumier nécessaires pour un hectare de blénoir, nous trouvons 180 : il suffirait donc de 180 charretées pour occuper 1/4 fumé tout entier par du blénoir ; mais nous en avons 200, retranchant 180 de 200, il reste donc 20 charretées de fumier pour avoir du colza au lieu de blénoir : mais le blénoir a déjà reçu, par hectare, 18 charretées que nous venons de lui attribuer ; or, pour le colza, il faut 24 charretées de fumier, par hectare, au lieu de 18 nécessaires pour le blénoir, ou 6 charretées de plus qui sont la différence entre 24 et 18 ; si donc nous divisons 20, excédant du nombre total des charretées de fumier sur celui nécessaire pour occuper 1/4 fumé tout entier par du blénoir, par cette différence 6, autant nous aurons d'hectares en colza. Nous trouvons 3.33, nous aurons donc 3.33 hectares en colza (*). Retranchons cette quantité de 10

(*) Si nous trouvions un nombre plus grand que 10, cela nous avertirait que nous pouvons occuper 1/4 fumé par des récoltes plus riches que le colza et le blénoir ; alors nous chercherions son emploi par du colza et des betteraves, par exemple, de la même manière que nous venons de le faire pour le blénoir et le colza.

Si, cependant, nous voulions conserver deux hectares de blénoir, nous dirions : pour 2 hectares de blénoir il faut 36 charretées de fumier ; enlevons tout d'abord ces 2 hectares et ces 36 charretées, et il reste 8 hectares et 164 charretées dont nous chercherons l'emploi par du colza et des betteraves.

Si, au contraire, nous ne pouvions occuper 1/4 fumé tout ennombre des hectares de 1/4 fumé, et le reste sera celle du blénoir. Notre culture sera donc : (3.33 *colza*, 6.67 *blénoir*), 10 *orge*, 10 *trèfle*, 10 *froment*.

Vérifions :

3.33 colza à 24 charr..........	79.92 charr.
6.67 blénoir à 18 charr........	120.06 charr.
10 hectares....................	199.98 charret.

C'est bien facile et d'une grande précision ; si notre division était exacte nous trouverions juste 200 charretées.

C'est là notre culture élémentaire, si on peut dire ainsi, voyons si elle est la plus convenable pour les besoins de notre exploitation. Elle ne contient point de betteraves ou autres racines pour nos provisions d'hiver ; c'est un de nos plus importants besoins, commençons par les introduire ; nous verrons après à changer les espèces de nos blés si d'autres nous conviennent mieux. Supposons que nous veuillions un hectare de betteraves.

---

tier par du blénoir, nous chercherions son emploi par du blénoir et une récolte encore moins riche, par du guéret, qui pour être suivi de la succession orge, trèfle, froment, demande, par hectare, 12 charretées de fumier au lieu de 18.

Si nous trouvions que l'emploi n'est pas possible par du guéret seul, cela nous avertirait que nous avons choisi nos blés trop riches en proportion de nos ressources, et nous remplacerions, par exemple, l'orge par de l'avoine ; car il faut moins de fumier au guéret ou au blénoir pour être suivi de (avoine, trèfle, froment) que de (orge, trèfle, froment).

Sachons d'abord quelle quantité de fumier il faut à l'hectare pour les betteraves suivies de (orge, trèfle, froment), soit 32 charretées (de 30,000 à 35,000 kilog).

(2) Nous pourrions prendre ces betteraves ou sur le colza, ou sur le blénoir; si nous les prenons sur le colza, le reste du terrain qui était occupé par ce colza, ne pourra plus l'être alors que par du colza et du blénoir, du colza et du guéret, du blénoir seul, du blénoir et du guéret, ou par du guéret seul, selon que la quantité des betteraves demandée nous le permettra; et si nous les prenons sur le blénoir, le reste sera occupé par du blénoir et du guéret, ou par du guéret seul. Prenons-les sur le colza.

Comme nous aurons peut-être besoin du guéret, supposons que pour le guéret suivi de (orge, trèfle, froment) il faille 12 charretées de fumier à l'hectare, y compris la réserve nécessaire après lui.

Nous voulons donc 1 hectare de betterraves au lieu de colza. Nous dirons alors, 3.33 hectares de colza ont reçu (3.33 multiplié par 24), ou 79.92 charretées de fumier; si nous prenons sur eux 1 hectare de betteraves et 32 charretées de fumier qu'il lui faut, il reste 2.33 hectares et (79.92 moins 32) ou 47.92 charretées de fumier: la question se réduit donc à trouver l'emploi de 2.33 hectares avec 47,92 charretées de fumier: mais sera-ce par du colza et du blénoir, par du blénoir seul, etc? Pour le savoir, comparons le blénoir, avec la quantité de fumier qui nous reste, multiplions 2.33 par

18, nous trouvons 41.94; il suffirait donc de 41,94 charretées de fumier pour occuper ces 2.33 hectares par du blénoir ;. mais nous en avons 47.92, nous pourrons donc les employer par du colza et du blénoir. (*) C'est notre premier calcul, et nous trouverions (1 colza, 1.33 blénoir), notre culture primitive deviendra donc

(1 *betteraves,* 1 *colza,* 1.33 *blénoir,* 6.67 *blénoir),* 10 *orge,* 10 *trèfle,* 10 *froment.*

La composition de cette culture est toujours exactement en proportion de nos ressources : vérifions :

1 betteraves à 32 charretées......	32 charretées.
1 colza à 24 »	24 »
1.33 blénoir à 18 »	23.94 »
6.67 blénoir à 18 »	120.06 »
10.00 hectares....................	200.00 charretées.

Si nous avions pris ces betteraves sur le blénoir, nous

(*) Si nous ne pouvions occuper ces 2.33 hectares qui restent par du blénoir, nous en chercherions l'emploi par du blénoir et du guéret. Si pas encore par du guéret seul, nous en conclurions que la quantité des betteraves demandée est trop forte en proportion de nos ressources et par rapport aux blés que nous avons choisis ; alors, ou nous en demanderons moins, ou nous diminuerons la richesse de nos blés pour augmenter celle de la partie 1/4 fumé, comme nous le verrons (page 48).

aurions trouvé pour l'emploi de 1/4 fumé (3.33 colza, 1 betteraves, 3.34 blénoir, 2.33 guéret). (*)

Choisissant la première de ces cultures, notre culture primitive et élémentaire est donc devenue (1 *betteraves*, 1 *colza*, 8 *blénoir*) 10 *orge*, 10 *trèfle*, 10 *froment*.

(3) Maintenant corrigeons-la sous le rapport des blés : au lieu des 10 hectares en orge, nous en voudrions, par exemple, 5 en froment.

Si nous voulions moins de froment que nous avons de betteraves et de colza, il n'y aurait aucune difficulté, nous ferions ce changement sans avoir à toucher à la partie 1/4 fumé : car le colza, pour être vraiment beau, doit recevoir, malgré nous, assez de fumier pour être suivi de la succession (froment, trèfle, froment);(**) si nous

(*) Il pourrait arriver que le colza ou le blénoir ne suffiraient pas seuls à la quantité de betteraves que nous demandons, ainsi, si nous avions demandé 2.50 hectares de betteraves pour lesquels il faudrait 80 charretées de fumier ; alors nous les prendrions sur tous les deux à la fois, et nous dirions : 3.33 hectares de colza et 6.67 blénoir ont reçu 200 charretées de fumier ; si nous en ôtons 2,50 hectares de betteraves et 80 charretées de fumier, il reste 7.50 hectares avec (200 moins 80) ou 120 charretées de fumier, à employer par du colza et du blénoir, du blénoir seul, du blénoir et guéret, ou du guéret seul ; le reste du calcul serait donc le même.

(**) Sans aucun doute ; mais alors ce colza reçoit donc, à la rigueur, trop de fumier pour être suivi de (orge, trèfle, froment), et cela nous cause une perte en fumier, en paille et en grain ; ne pourrions-nous pas lui mettre un peu moins de fumier ? Non, nous n'en sommes pas les maîtres, il faut que le colza soit beau : sans cela, nous perdrions sur son produit, nous ne gagnerions rien ni en paille ni en grain, et cette perte égalerait au moins

en demandons davantage, nous n'aurons besoin de nous occuper que de la différence entre cette quantité et celle des betteraves et du colza, ou à savoir, ici, comment obtenir 3 hectares de froment au lieu d'orge.

Ces betteraves et le colza étant suivis du froment, nous n'avons plus que le blénoir sur lequel nous puissions avoir recours ; mais si le blénoir doit recevoir 18 charretées par hectare, pour être suivi de (orge, trèfle, froment), il lui en faudra davantage pour l'être de (froment, trèfle, froment), soit 22 charretées au lieu de 18. Mais ce blénoir à 22 charretées n'est-il pas, en fait, une récolte différente du blénoir à 18 charretées ? Alors la question se réduit à prendre 3 hectares de blénoir à 22 charretées sur les 8 hectares de blénoir à 18, et d'employer le reste par du blénoir à 18 charretées et du guéret à 12, ou par du guéret seul. C'est ce que nous venons de faire quand nous avons pris les betteraves sur le colza ; le calcul est donc exactement le même, et nous n'avons pas à l'expliquer de nouveau. Nous trouverons pour l'emploi de 1/4 fumé (1 betteraves, 1 colza, 3 blénoir à 22 charretées, 3 blénoir à 18 charretées, 2 guéret à 12 charretées) et notre culture primitive devient, par

---

la petite économie de fumier que nous réaliserions ainsi ; et d'ailleurs, si notre colza a été bien fumé, nous aurons une orge très belle au lieu de l'avoir simplement belle, et si il a été richement fumé, nous pouvons remédier à cette difficulté sous tous les rapports : nous ferons du blénoir, par exemple, après le colza, et comme récolte dérobée ; nous aurons ainsi les grains d'un hectare d'orge et d'un hectare de blénoir pour ceux d'un hectare en froment, et les pailles d'un d'orge et d'un de blénoir pour celles d'un hectare en froment.

ces deux corrections (1 *betteraves*, 1 *colza*, 3 *blénoir* à 22 *charr.*, 3 *blénoir* à 18 *charr.*, 2 *guéret* à 12 *charr.*) (5 *orge*, 5 *froment*), 10 *trèfle*, 10 *froment*.

Sa composition est toujours en proportion exacte de nos ressources.

(4) Mais nous voulons encore 2 hectares d'avoine : changeons l'orge contre de l'avoine.

Pour avoir ces deux hectares d'avoine, nous pouvons avoir recours au blénoir à 18 charretées et aussi au guéret, parce qu'il faut moins de fumier à l'un et à l'autre pour être suivi de (avoine, trèfle, froment) que de (orge, trèfle, froment) ; supposons qu'il leur faille 2 charretées de moins par hectare, et agissons sur le blénoir. Ainsi dans la succession (2 blénoir, 2 avoine, 2 trèfle, 2 froment) le blénoir n'a besoin de recevoir que 16 charr. au lieu de 18 qu'il a reçues ; il en a donc reçu 2 de trop par hectare, et nous avons alors 4 charretées de fumier qui se trouvent libres, à notre discrétion : eh bien, ajoutons-les au colza pour avoir des betteraves, ou au blénoir à 22 charretées pour avoir du colza, ou au guéret pour avoir du blénoir à 18 charretées ; supposons que ce soit au blénoir à 22 charretées.

Nous dirons 3 blénoir à 22 charretées ont reçu 66 charretées, ajoutons-y les 4 qui sont devenus libres par les 2 hectares d'avoine, et la question est d'occuper 3 hectares par du colza à 24 charretées et du blénoir à 22 charr. avec 70 charr. de fumier. Nous trouvons 2 hectares en colza et 1 hectare en blénoir.

Alors notre culture deviendra (*1 betteraves, 3 colza, 1 blénoir* à *22 charr., 1 blénoir* à *18 charr., 2 guéret* à *12 charr., 2 blénoir* à *16 charr.), (5 froment, 3 orge, 2 avoine), 10 trèfle, 10 froment.*

Mais cela ne nous suffit pas encore, les bestiaux, le lait, le beurre se vendent bien, nous voudrions plus de fourrages.

Avant de nous occuper des changements nécessaires pour cela, jetons un coup-d'œil sur notre culture, et voyons si, à cela près, elle nous convient tout à fait ; parce que si nous voulions, par exemple, moins de blénoir et plus de colza, il en résulterait nécessairement du guéret, et d'après ce que nous avons vu (*page* 20), nous pourrions le remplacer directement par des fourrages, ou, au moins, nous n'aurions à nous occuper que de la différence entre la quantité des fourrages que nous demandons et celle du guéret.

Supposons donc que nous aimerions mieux un hectare de blénoir en moins, et le remplacer par du colza et du guéret.

Nous avons trois espèces de blénoir pour ainsi dire, celui à 22 charretées, à 18 et à 16 charr.; nous pouvons échanger celui que nous voudrons, mais nous ferons attention aux blés qui doivent suivre chacun d'eux ; car en remplaçant 1 hectare de blénoir par du colza qui demande plus de fumier, une partie de cet hectare sera nécessairement en guéret, à cause du manque de fumier :

alors, si nous changeons le blénoir à 22 charretées qui doit être suivi du froment, il faudra plus de fumier pour ce guéret suivi du froment, que s'il devait l'être par l'orge, c'est-à-dire 14 charretées à l'hectare au lieu de 12. Par la même raison si nous choisissions le blénoir à 16 charretées qui doit être suivi de l'avoine, il faudrait pour le guéret 11 charretées au lieu de 12. Nous pouvons encore observer que moins notre blénoir aura reçu de fumier, plus nous aurons de guéret, mais aussi moins de colza.

Supposons donc que nous veuillions de moins 1 hectare de blénoir à 22 charretées, et le remplacer par du colza et du guéret à 14 charretées.

1 hectare de blénoir a reçu 22 charretées de fumier, il s'agit de l'employer par du colza à 24 charretées et du guéret à 14. Retranchant 14 de 22 et divisant le reste 8 par 10 qui est la différence entre 14 et 24, nous trouvons 0.80 colza et 0.20 guéret. Notre culture sera (1 *betteraves*, 3.80 *colza*, 1 *blénoir* à 18 *charr.*, 2 *blénoir* à 16 *charr.*, 2 *guéret* à 12 *charr.*, 0.20 *guéret* à 14 *charr.*), (3 *orge*, 2 *avoine*, 5 *froment*). 10 *trèfle*. 10 *froment* (1).

Maintenant arrivons à la question des fourrages que nous avons attendue à résoudre. Nous remplacerons di-

(1) Nous pourrions nous poser la question inverse : Avoir moins de colza et plus de blénoir, c'est-à-dire moins de guéret.

Ainsi dans la culture (4 colza, 6 blénoir à 18 charr., 4 guéret à 12 charr.). 10 orge, 10 trèfle, 10 froment.

Nous aimerions mieux 2 hectares de guéret en moins et moins de colza. Nous dirions 4 colza ont reçu 96 charr., 2 guéret à 12 charr.. 24 charr., total 6 hectares avec 120 charr. à occuper par du blénoir à 18 charr. et du colza à 24.

rectement le guéret par la quantité de fourrages que nous voulons, soit 1.50 hectares; s'il fallait leur mettre du fumier, ou si nous en demandions plus que nous n'avons de guéret, nous aurions les uns et les autres comme ci-dessus, quand nous avons remplacé l'orge par l'avoine; car en remplaçant le blénoir par le fourrage qui exige moins de fumier, il en résultera plus ou moins de fumier qui sera à notre discrétion. Notre culture définitive sera donc *(1 betteraves*, 3.80 *colza*, 1 *blénoir* à 18 *charr.*, 2 *blénoir* à 16 *charr.*, 1.50 *fourrages*, 0.20 *guéret* à 14 *charr.*, 0.50 *guéret* à 12 *charr.)*, *(3 orge*. 2 *avoine*. 5 *froment)*, 10 *trèfle*, 10 *froment*.

Si nous vérifions, nous trouverons que sa composition est toujours en proportion de nos ressources.

Il est clair que ces calculs pour le colza et le blénoir, nous les ferions de même pour toutes autres espèces de récoltes (1).

Nous voyons aussi qu'ils se réduisent tous aux deux premiers : *Occuper, et introduire ou remplacer*. Cette composition de la culture est donc simple et bien facile (*)

---

(1) Nous n'avons fait aucun changement sur le 2e 1/4 blés; nous agirions de la même manière que pour l'orge, car la question reviendrait toujours à celle-ci : il faut moins de fumier, par exemple, pour le blénoir de la succession (blénoir, orge, trèfle, avoine) que pour (blénoir, orge, trèfle, froment); mais comme la richesse de ces blés se trouve beaucoup plus favorisée par les vertus améliorantes des fourrages, la différence des quantités de fumier serait moins sensible.

(*) Sans doute, dans la pratique, nous n'aurons point les quantités de toutes les récoltes avec une pareille précision, à cause

Si nous comparons cette dernière culture à laquelle nous sommes arrivés, avec la primitive (3.33 colza, 6.67 blénoir), 10 orge, 10 trèfle, 10 froment), nous voyons que nous avons changé et rechangé les quantités et les espèces de toutes les récoltes ; si nous le trouvions plus convenable à nos besoins et à nos intérêts nous les changerions encore, et cela toujours en proportion exacte de nos ressources ; de sorte que ce serait entièrement de notre faute, si nous ne retirions pas réellement de notre culture le plus grand produit possible, toujours, aux moindres frais possibles, en proportion de nos ressources. Ce système est donc bon à n'en pas douter.

Au surplus, si nous considérons les effets de ce plan au point de vue général et pratique, nous les verrons d'un seul coup-d'œil : presque tous les cultivateurs savent *labourer, ensemencer, récolter*, pourquoi la culture ne pro-

---

de l'étendue irrégulière de nos champs ; mais si nous prenons attention de combiner les plus petits avec les plus grands et de partager ceux-ci, notre culture sera établie de manière que nous ne nous en éloignerons que fort peu.

De même nos pièces de terre ne sont pas toutes de même valeur, dans quelques-unes il faudra plus de fumier pour avoir les mêmes récoltes, dans d'autres il en faudra moins; mais si nous calculons sur leur valeur moyenne, l'erreur sera insignifiante.

Pour savoir ce qu'il nous faut de fumier aux diverses époques, il suffit de séparer les deux quantités que nous avons attribuées à la même récolte : celle qui lui est directement nécessaire, et la réserve après elle.

duit-elle pas davantage et ne marche-t-elle pas plus vite ? Cela ne peut donc venir que de ce qu'ils ne connaissent pas l'*Emploi de leur terrain, ni celui de leur fumier*, et dès qu'ils les connaîtraient, la culture ne pourrait manquer de faire des progrès immédiats et considérables ; c'est ce que ce plan leur montre de la manière la plus simple et la plus claire !

Observations. Mais, dira-t-on, les cultivateurs arrivent, pas aussi facilement peut-être, mais enfin ils arrivent à trouver chaque année l'emploi de leur terrain et de leur fumier. C'est vrai, mais cet emploi est-il bon ? Alors il faut dire qu'il n'y a plus rien à leur apprendre et que la culture est portée à la perfection !

2° Ce système produit beaucoup de blés, et quand ils seront à bon marché, il ne pourra manquer de nous causer de la perte plutôt que du bénéfice. Ne vous laissez pas tromper par les apparences. D'abord si votre culture est réduite à ses seules ressources, il ne peut pas y avoir de doute ; si vous ne produisez pas de blés, vous n'aurez pas de fumier, et sans fumier point de produits.

Eh bien ! alors nous achèterons du fumier ! Mais où le prendrez-vous et à quel prix, s'il faut que tous en achètent ? Au reste, quel serait votre bénéfice ? puisque vous remplacez vos blés par d'autres récoltes, ce serait tout au plus la différence entre leur produit et celui que vous auriez obtenu par les blés ; mais aussi, il faudra acheter beaucoup plus de fumier, non seulement pendant ce temps de bon marché, mais encore après, jusqu'à ce que vous ne soyez parvenus à reproduire autant de blés, et celui-là vous coûtera certainement plus cher que celui que vous auriez produit et qui se trouve tout rendu sur la ferme : si vous mettez en regard cette différence des bénéfices entre les récoltes, avec celle des prix et des quantités du fumier, la balance ne sera pas en faveur du fumier acheté, c'est-à-dire du changement de culture. *Les blés sont aussi nécessaires à la culture qu'à la nourriture de l'homme.*

3° Mais on dirait, non sans quelque raison, cette culture peut-être bonne, mais elle ne peut réussir qu'à une condition : c'est que le fourrage principal soit, comme le trèfle. propre à faire du foin sec ; sans cela que ferions-nous d'un quart de nos terres labourables en autres fourrages ; nous ne pourrions les consommer en vert, et nous n'aurions point de provisions pour notre hiver.

Remarquons que ce système ne proscrit ni les prairies, ni les luzernes, ni les autres fourrages de longue durée qui n'en dérangent point l'ordre et l'économie, il ne s'adresse qu'aux terres en culture ou en labour proprement dites, et laisse toute liberté dans l'emploi des autres parties ; nous ne manquerons donc pas plus de foins secs que dans toute autre culture.

D'autre part, tous les terrains, il est vrai, ne sont pas également convenables pour la culture, et tout système appliqué à la rigueur, quelque général qu'il soit, ne pourra répondre à toutes les situations particulières ; mais souvenons-nous quels sont les effets et le rôle des fourrages annuels : à part la question de produire du fumier en nourrissant des animaux, et nos prairies y pourvoiront si cela est nécessaire, c'est de permettre au sol de se délasser, de se récomposer, et de favoriser la production des blés ; si donc nous pouvons mettre à leur place d'autres récoltes qui produisent ces mêmes effets, nous n'aurons rien à changer à ce système, il sera également bon ; mais il ne manque pas de plantes, autres que les fourrages, qui soient peu épuisantes et propres à être suivies des blés, selon les convenances des localités.

Cependant, il faut nous éloigner le moins possible de notre plan général ; nous ferons donc, dans ce cas, le plus de fourrages que nous pourrons en consommer en vert, et le reste en ces plantes peu épuisantes ; mais, comme elles ne remplaceront pas complètement tous les effets des fourrages, et qu'il faudra plus de fumier avec elles qu'avec les fourrages, nous supposerons dans la composition de notre culture, d'abord, que ce 1/4 soit tout en fourrages, et nous corrigerons après comme nous l'avons fait pour changer l'orge en froment.

Pour être mieux convaincus encore, s'il est possible, de la supériorité de ce système et de l'utilité de ce plan, comparons-le à celui des assolements que l'on regarde comme le meilleur.

Reprenons la question que nous venons de résoudre si facilement : nous avons 40 hectares de terre labourables avec 200 charretées de fumier, qu'il s'agit d'employer conformément à nos besoins, nos intérêts et les circonstances.

Supposons que nous veuillions y arriver par un système d'assolements. Sans nous appesantir sur les grandes et nombreuses difficultés que nous rencontrerons d'abord pour les composer en proportion de nos ressources, et ensuite pour les modifier, leur ensemble doit tirer de la terre le plus grand produit possible, toujours, aux moindres frais possibles, en proportion de ces ressources ; mais pour cela, ne faut-il pas clairement que chacun d'eux le fasse pareillement en proportion des ressources qu'il reçoit ? C'est donc avoir à résoudre la question tout entière, autant de fois qu'il y aura d'assolements différents.

Au reste, la culture à laquelle nous sommes arrivés par l'application de notre plan général (1 betteraves, 3.80 colza, 1 blénoir à 18 charr., 2 blénoir à 16 charr., 1.50 fourrages, 0.50 guéret à 12 charr., 20 guéret à 14 charr.), (3 orge, 2 avoine, 5 froment), 10 trèfle, 10 froment, peut se décomposer ainsi :

1 betteraves.	1 froment.	1 trèfle.	1 froment.
3.80 colza.	3.80.	3.80.	3.80.
0,20 guéret à 14 charr.	0.20.	0.20.	0.20.
1 blénoir à 18 charr.	1 orge.	1.	1.
1.50 fourrages.	1.50 orge.	1.50	1.50.
0.50 guéret à 12 charr.	0.50 orge.	0.50.	0.50.
2 blénoir à 16 charr.	2 avoine.	2.	2.

Nous arrivons donc aussi à un système d'assolements, et il le faut bien ! car dès qu'il a été reconnu que les récoltes ne pouvaient réussir sur elles-mêmes, et cela a eu lieu dès l'invention de la culture, l'assolement était une conséquence forcée : mais, ici, chacun d'eux et leur ensemble sont en proportion exacte des ressources qu'ils ont reçues, et nous les avons modifiés avec une grande facilité : et toute théorie qui ne nous donnera pas ces moyens, ne produira que des effets bien petits ; car sans cela, on ne peut se rendre un compte exact de l'emploi de ses ressources, on ne peut en disposer comme on désirerait, dès-lors point d'ordre et d'économie dans leur distribution et dans les dépenses, et, par conséquent, point de bénéfice souvent, ou du moins il sera moins grand qu'il ne devrait l'être.

On peut donc, si l'on veut, faire bon marché de notre théorie pour n'en conserver que les résultats pratiques, dont l'utilité, et on dirait même la nécessité, sont incontestables.

ÉTABLISSEMENT DE LA CULTURE

Nous voyons par l'application de ce système, que la culture est rendue bien facile : mais pour l'établir avec exactitude, et la modifier aisément en proportion de nos ressources et selon nos convenances, il faut qu'elle ait la forme 1/4 *fumé*, 1/4 *blés*, 1/4 *fourrages*, 1/4 *blés* : il s'agit, alors, d'y ramener notre culture actuelle quelle qu'elle soit.

Si notre terrain était libre, n'était pas occupé, ou ne venait pas de l'être par certaines récoltes, cela serait bien facile; mais cette transformation ne peut s'opérer brusquement, sans aménagements et préparations antérieurs : le fumier ne se trouverait, sans doute, pas fait pour les époques voulues, et quand même, ne serions-nous pas obligés de faire une partie des récoltes sur elles-mêmes : il faut donc opérer ce passage le plus promptement que nous pourrons, mais de manière à ne causer dans chacune des cultures successives, que les changements aisément possibles par rapport à celles qui précèdent.

Par où devons-nous commencer notre réforme? Par les blés et les fourrages, sans aucun doute, puisque ce sont eux qui sont la source et la cause première de la richesse de la culture. Les fourrages, nous les aurons toujours facilement à cause de leur peu d'exigence, et supposons, ce qui est le cas le plus défavorable, que celui que nous avons choisi soit le trèfle ou tout autre qui se sème dans les blés. C'est donc à obtenir les deux 1/4 blés que nous devons, tout d'abord, employer nos ressources. (*)

Mais remarquons que chacun d'eux se trouve dans une position différente : l'un doit recevoir ou avoir reçu assez de fumier pour être suivi de 1/4 trèfle et de 1/4 blés sans en remettre de nouveau, et l'autre ne doit être suivi d'aucune autre récolte sans que celle-ci n'en reçoive. Mais, il est bien clair que pour qu'ils remplissent ces conditions, nous nous servirons autant que possible de l'état des récoltes de notre culture actuelle; ainsi, si nous avons des betteraves ou des colzas bien fumés, nous les ferons suivre de notre premier 1/4 blés sans mettre de fumier; si nous n'avons pas assez de ces récoltes, ou qu'elles ne soient pas assez fumées, et que nous ayons des blénoirs ou autres bons compôts à blés, nous ne mettrons après eux, que la quantité de fumier suffisante pour la bonne réussite de la succession (blénoir, blés, trèfle, blés).

(*) Nous les pourrons toujours sans faire blés sur blés, car la quantité la plus grande que nous puissions en faire régulièrement chaque année, c'est la moitié du terrain; et si, celle où nous voudrions commencer notre transformation, nous ne pouvions la moitié du terrain en blés à cause de la culture précédente, nous attendrions l'année suivante, où nous en pourrions même davantage.

Pour le second 1/4 blés, nous agirons de la même manière, et cela sera beaucoup plus facile, puisqu'ils ne doivent être suivis d'aucune autre récolte sans fumier. Comme tous deux peuvent recevoir du fumier, désignons ce 1/4 blés par 1/4 blés fumés. et l'autre par 1/4 (blés fumés et trèfle).

Faisons donc, la première année de notre transformation, 1/4 (blés fum. et trèfle) et 1/4 blés fum., et il nous restera à trouver l'emploi de l'autre moitié de notre terrain.

Observons d'abord que aucune partie de cette moitié ne sera en blés, parce que nous en avons déjà la quantité la plus grande qu'il soit possible de faire chaque année : alors nous l'occuperons au mieux de nos intérêts. et, quelles que soient ses récoltes, elles pourront être suivies de blés. Désignons-la par 1/2 T.

La première année nous aurons donc :

1/4 (blés fum. et trèfle), 1/4 blés fum., 1/2 T.

La deuxième année. nous ferons d'abord succéder 1/4 trèfle à 1/4 (blés fum. et trèfle), comme cela doit être, et dans notre reste 1/2 T, nous trillerons. comme nous l'avons fait. la première année, les récoltes les plus convenables, de manière à obtenir 1/4 (blés fum. et trèfle) propre à être suivi de trèfle et de blés sans leur remettre du fumier; et dans le dernier 1/4 qui n'est pas en blés, nous ajouterons assez de fumier, s'il est besoin. pour avoir 1/4 blés fumés : en un mot. nous ferons pareillement et pas autre chose que la première année.

Voilà trois parties de notre terrain employées, mais après 1/4 blés fumés, que ferons-nous? Nous en disposerons toujours au mieux de nos intérêts, mais il ne sera pas en blés; désignons-le par 1/4 T.

La deuxième année, l'emploi de notre terrain sera donc *1/4 trèfle, 1/4 T, 1/4 (blés fum. et trèfle), 1/4 blés fum.*

La troisième année, nous ferons succéder 1/4 blés à 1/4 trèfle (notons bien que ce 1/4 blés ne reçoit pas de fumier); après 1/4 T. qui n'est composé que de récoltes propres à être suivies de blés, mettons suffisamment de fumier, si c'est nécessaire, pour obtenir 1/4 (blés fum. et trèfle) suivi de 1/4 trèfle et de 1/4 blés, sans qu'il soit besoin de leur en remettre; après 1/4 (blés fum. et trèfle), nous aurons 1/4 trèfle, et après 1/4 blés fumés, nous aurons une partie qui sera toujours égale au 1/4 du terrain, et qui ne sera pas en blés.

Notre troisième année sera *(1/4 blés, sans fumier), (1/4 blés fum. et trèfle), 1/4 trèfle, 1/4 T.*

Arrêtons-nous ici, et voyons les résultats que nous avons obtenus. Pour cela, formons le tableau de nos opérations dans l'ordre de succession des récoltes.

1re année,	1/4 (blés fum. et trèfle),	1/4 blés fumés,	1/2 T,	
2e —	1/4 trèfle,	1/4 T.	1/4 (blés fum. et trèfle),	1/4 blés fumés.
3e —	1/4 blés (sans fumier),	1/4 (blés fum. et trèfle),	1/4 trèfle,	1/4 T.
La 4e serait	1/4 T,	1/4 trèfle,	1/4 blés sans fumier,	1/4 (blés fum. et trèfle).

Nous voyons qu'à partir de cette troisième année (en faisant toujours la même chose) nous aurons toujours 1/4 blés sans fumier, 1/4 trèfle sans fumier; que 1/4 (blés fum. et trèfle) succèdera toujours à 1/4 T, qui ne sera jamais en blés: que ces deux parties, qui se suivent immédiatement, recevront seules du fumier, et que 1/4 T le recevra, seul, et tout entier, s'il ne contient pas de récoltes inférieures, ou tout entier hormis celui nécessaire après lui pour 1/4 (blés fum. et trèfle), s'il contient des récoltes inférieures: il est donc tout-à-fait pareil au 1/4 fumé de notre plan, et l'établissement de notre culture est complet cette troisième année. Alors, en comptant comme *réserve*, ainsi que nous l'avons fait dans l'application, le fumier nécessaire après les récoltes inférieures pour 1/4 (blés et trèfle), nous pourrons calculer avec précision la composition de notre culture, en proportion de nos ressources.

Observations. — Si, au lieu du trèfle, notre fourrage se sémait et se récoltait la même année, telle que la vesce, ou bien si, pour cette année seulement, nous pouvions conserver une partie de nos trèfles et compléter le 1/4 fourrages par de la vesce, il est clair que nous gagnerions une année sur notre transformation, car nous aurions :

1re année,	1/4 (blés fum. et trèfle,	1/4 blés fumés,	1/4 fourrages,	1/4 T.
2e —	1/4 trèfle,	1/4 T,	1/4 blés sans fumier,	1/4 (blés fum. et trèfle).

Mais dans ces diverses transformations, ne perdrons-nous rien en produit? Non, au contraire : nous produirons chaque année le plus de pailles qu'il soit régulièrement possible, et il en sera pareillement des fourrages, cela ne dépend que de nous; de sorte que nous aurons toujours le plus de fumier possible, et la culture ne pourra que faire des progrès continuels.

Ainsi, rien n'est plus simple que cette transformation, et elle s'opèrera sans secousse et sans autres dépenses que les ordinaires.

Ceci complète tout ce qui peut avoir rapport à la composition de la culture; il n'y a plus rien à y ajouter; pour le reste, l'expérience seule et l'habitude peuvent nous conduire à une bonne réussite.

C. Raffron de Val.

La Barbinais, commune de Paramé (Ille-et-Vilaine).

FIN.

Saint-Malo. — Ve E. Hamel, imprimeur, rue Robert-Surcouf.

www.ingramcontent.com/pod-product-compliance
Lightning Source LLC
LaVergne TN
LVHW050429160826
845677LV00002BA/621

* 9 7 8 2 3 2 9 6 8 6 7 7 6 *